DE

LA CLAVELEE

DANS L'ARRONDISSEMENT D'AMIENS

EN 1874

DU SERVICE DES ÉPIZOOTIES

Rapport lu par M. CARON, vice-président du
Comice, membre du Conseil général de la
Somme et approuvé en séance générale
du Comice, le 17 Octobre 1874.

AMIENS

TYPOG. DE H. YVERT, RUE DES TROIS-CAILLOUX, 64.

1874

DE

LA CLAVELÉE

DANS L'ARRONDISSEMENT D'AMIENS

EN 1874

DU SERVICE DES ÉPIZOOTIES

MESSIEURS,

Justement préoccupés des intérêts agricoles de l'arrondissement d'Amiens que vous avez pour mission de défendre et de sauvegarder en toutes circonstances, vous avez sollicité une réunion générale du Comice pour s'occuper du fléau qui sévissait sur quelques communes de l'arrondissement, et rechercher les mesures à demander à l'administration pour arriver à éteindre le plus promptement possible une maladie essentiellement contagieuse et très dévastatrice. Vous n'avez pas perdu de vue que votre mission était essentiellement consultative et qu'à l'administration seule appartenait de prendre toutes les mesures préservatrices indispensables pour diminuer l'intensité de ce fléau et s'en débarrasser au plus vite.

Vous avez, après une discussion assez longue des faits existants, décidé que le Comice devait siéger en quelque sorte d'une manière permanente, veiller sur les développements que serait susceptible de prendre la Clavelée et s'entendre avec M. le Préfet sur toutes les mesures qui seraient jugées nécessaires pour maîtriser et anéantir cette maladie.

Vous avez décidé que cette commission vous ferait un rapport sur la manière dont cette maladie avait été introduite, sur sa propagation, sur les moyens pris pour l'arrêter et enfin qu'elle vous entretiendrait du service des épizooties et des moyens de l'améliorer.

Vous avez désigné au scrutin secret comme commissaires MM. Decrept, Fougeron, conseillers d'arrondissement, Débarry, Corbillon, membres du Comice, voisins des communes infestées, et celui qui a l'honneur de vous entretenir en ce moment.

Cette commission s'est constituée immédiatement; elle a décidé, en principe, sa réunion tous les samedis jusqu'à ce que motif il y eût et s'est mise à la disposition de M. le Préfet pour l'aider dans les mesures qu'il aurait à prendre et lui donner les renseignements qui pourraient lui être nécessaires.

Nous sommes heureux, Messieurs, de pouvoir vous déclarer que votre commission a reconnu que toutes les mesures de police sanitaires étaient prises et qu'elle n'a eu qu'à en recommander la stricte exécution pendant un temps suffisamment long, pour que toute crainte de transmission soit éteinte.

Les séquestrations de moutons sur leurs terroirs réciproques et toutes les mesures s'y rattachant sont assez faciles à édicter, mais l'exécution de celles-ci devient excessivement pénible pour l'administration qui se trouve obsédée de demandes d'allègement.

C'est pour faciliter à l'administration cette tâche pénible que votre commission a été et est le plus utile.

Nos demandes ont été très bien accueillies et nous

croyons pouvoir affirmer que le séquestre ne sera levé sur les communes infestées que lorsque votre commission aura donné un avis favorable, et elle ne le fera, soyez en certains, qu'à bon escient, lorsqu'elle sera intimement persuadée qu'il n'y aura pas le plus petit inconvénient à craindre.

Nous avons besoin, Messieurs, d'affirmer clairement nos intentions, afin qu'il soit bien reconnu dans les départements voisins que, si la Clavelée existe dans quelques unes de nos communes, elle ne doit pas être à craindre pour les pays voisins, parcequ'elle est vigoureusement surveillée, parfaitement étreinte et qu'il est presque possible d'affirmer que partout où elle n'est pas aujourd'hui, elle ne sera pas.

Ce n'est qu'avec la publicité donnée aux mesures prises pour l'extinction de cette maladie que nous pourrons faire regagner à notre industrie ovine le crédit que des nouvelles exagérées ont été sur le point de lui faire perdre.

Le moment des foires de déparcage arrive. Nous devons tout faire pour que nos voisins puissent fréquenter celles-ci avec la confiance qui seule permet les transactions.

DE LA MALADIE.

La Clavelée, Messieurs, qui nous occupe en ce moment, s'est déclarée à Taisnil dans un troupeau particulier, de création récente et de provenances très diverses.

S'est-elle produite spontanément ? y a-t-elle été importée ? Il nous est impossible d'élucider ces questions. Tout pourtant nous ferait croire à la production spontanée, car si cette maladie venait d'un autre milieu, la rumeur publique nous en eût informés et il serait arrivé à notre connaissance que cette maladie causait ses ravages en un autre lieu. Nous n'avons pu découvrir d'autres foyers en nous livrant à de nombreuses investigations ; nous devons croire jusqu'à plus ample informé à la production spontanée.

A la mi-juillet la mortalité était tellement forte dans ce troupeau que le berger, fatigué de faire le fossoyeur, trouva plus commode de jeter dans les lisières du bois de Lœuilly les bêtes qu'il perdait, et la gendarmerie constata dans celles-ci plusieurs dépôts, entr'autres un tas d'au moins 14 moutons provenant d'une voiture culbutée.

Cette mortalité énorme fait croire à votre Commission que ce troupeau en était à ce moment à la seconde bouffée, ce qui ferait remonter le commencement de la maladie à la fin de mai ou au commencement de juin.

En effet, vers le 20 juin, le pays, malgré tous les soins pris pour cacher cette mortalité, s'aperçut des pertes fréquentes subies par le troupeau particulier, et surtout de la prompte décomposition des bêtes mortes. Il s'en émut, on jasa, et tout se borna là pour le moment.

On est en droit de se demander pourquoi le propriétaire du troupeau restait indifférent à une perte aussi sensible, pourquoi il ne consulta point de vétérinaire, pourquoi enfin, il ne fit pas tout ce qu'il était en son pouvoir pour se renseigner et arrêter une maladie qui lui occasionnait des pertes aussi multipliées.

Cette indolence, cette insouciance de ses propres intérêts, est malheureusement trop fréquente chez nos cultivateurs. Beaucoup, parce qu'un vétérinaire n'aura pas su ravir un animal à la mort, sont portés à ne pas croire à la science de la médecine vétérinaire et sont plus disposés à demander avis à l'empirisme le plus absurde, parce qu'il est d'une rencontre facile et que les frais de visite consistent fréquemment en une autre visite commune au cabaret.

Nous avons certes beaucoup à faire pour lutter contre cette indifférence de nos cultivateurs et Messieurs les vétérinaires ne sont pas de trop avec nous pour modifier cette manière d'agir qui retire à l'élevage de nos animaux domestiques une grande partie des bénéfices que des soins actifs et intelligents feraient obtenir.

Le 2 juillet, le Maire de la commune de Taisnil, fatigué d'entendre les craintes des propriétaires de bêtes à laine de sa commune et ignorant qu'il y avait un service départemental des épizooties, appela directement un vétérinaire, lequel, après examen du troupeau, déclara au Maire qu'il s'agissait d'une maladie épizootique, qu'il y avait des mesures de police sanitaire à prendre, qu'il devait en réf´rer immédiatement à la Préfecture, que le vétérinaire départemental lui serait envoyé tout aussitôt et que les mesures indispensables à prendre seraient commandées par celui-ci qui seul avait qualité de les indiquer.

Le Maire obéit à ces indications et le 4 juillet il recevait avis de l'arrivée du vétérinaire départemental à Taisnil pour le 6.

Ici, Messieurs, nous nous trouvons obligés de constater un fait excessivement fâcheux. M. le vétérinaire départemental, dans son rapport à M. le Préfet du 12 juillet, constate qu'il n'y a pas autre chose que du *piétin* et ne prescrit que des mesures trop fortes et ridicules s'il ne s'agit que de cette maladie, et trop faibles pour arrêter le terrible fléau qu'il ne découvrait pas.

Cette visite, qui aurait eu une utilité incalculable si elle avait abouti à la reconnaissance de la Claveléo et à la provocation des mesures préservatives, a été essentiellement funeste, car, d'une part, la déclaration du vétérinaire qu'il n'y avait pas d'épizootie enlevait toute action publique ou civile contre le détenteur du troupeau infecté; publique, parcequ'il n'avait point fait au maire la déclaration exigée par la loi, civile par toutes les personnes qui, par la négligence ou l'imprudence des détenteurs de ces bêtes, supportaient un dommage de son fait.

D'autre part, cette affirmation qu'il n'y avait que du piétin empêcha de prendre les mesures de séquestration indispensables, qui étaient urgentes en la circonstance.

En effet, la mortalité continuant à sévir dans le troupeau particulier, les propriétaires du troupeau commun s'inquiétèrent et, se méfiant du malheur qui les attendait, profitèrent de la liberté qui leur était laissée pour mettre en vente au marché le plus proche, le 17 juillet, à Conty, les animaux dont ils pouvaient se débarrasser.

Un cultivateur de Dury et un marchand de moutons de Glisy achetèrent de ces bêtes saines en apparence, mais ayant en elles le germe de la Clavelée qu'elles avaient gagné, en pâturant communément sur les mêmes champs avec le troupeau particulier de Taisnil.

Le 17 juillet ils emportaient avec celles-ci la maladie qui devait se déclarer chez eux peu de temps après.

Le 29 juillet le Maire de Taisnil fut avisé que le troupeau commun paraissait atteint de la même maladie que celle du troupeau particulier.

Les particuliers, peu satisfaits de l'appréciation du service départemental, appelaient le vétérinaire qui les avait renseignés primitivement.

Il fut constaté que le troupeau communal était atteint de la Clavelée, que les animaux présentaient exactement les mêmes caractères de maladie qu'il avait reconnus cinq semaines auparavant sur le troupeau particulier.

Le 1er août il fit son rapport écrit au Maire afin que celui pût provoquer de la Préfecture les mesures nécessaires à l'extinction de ce fléau.

Le 2 août le service départemental reconnut son erreur et, dans un rapport du 3, demandait à M. le Préfet les mesures suivantes.

Clavélisation des deux troupeaux.

Dénombrement de ceux-ci.

Remarquage des bêtes.

Déclaration journalière au Maire des effets de la maladie.

Zone de 600 mètres séparative des terrains infestés avec ceux voisins.

Défense de charrier sur les terroirs le fumier de provenance ovine.

L'inoculation de cette maladie, recommandée par toutes les notabilités de la science depuis le commencement de ce siècle jusqu'à ce jour, a été pratiquée à Taisnil.

Les résultats sur le troupeau particulier ont été nuls, ce qui était la meilleure preuve qu'il avait subi la maladie de la manière la plus complète.

Le troupeau communal, inoculé vers le 6 août *en pleine bouffée*, n'a perdu que *trente-cinq* bêtes environ sur trois cents dont il se composait ; *six ou sept* de ces mortalités seulement peuvent être attribuées à l'inoculation.

Aujourd'hui nous devons croire que les deux troupeaux de Taisnil sont débarrassés de cette maladie ; les pluies fréquentes qui ont eu lieu depuis un mois peuvent faire espérer que les bêtes de ceux-ci ont subi un lavage assez sérieux pour qu'il soit admissible qu'elles ne doivent plus porter sur elles le plus petit germe de maladie.

Malheureusement la commune de Prouzel, voisine de celle-ci sur une large étendue, n'est pas tout à fait aussi avancée et, comme rien ne nous prouve que, malgré tous les soins que sont susceptibles d'y apporter les Municipalités, ces troupeaux ne parcourent point les mêmes cantons, votre Commission, craignant que les troupeaux de Taisnil puissent transporter les miasmes qu'il pourrait récolter des troupeaux de Prouzel, croit qu'il est prudent de maintenir le séquestre sur cette commune jusqu'à ce qu'il soit possible de le lever sur Prouzel.

Espérons que la commune de Plachy, riveraine de

Prouzel, saura éviter la contagion et ne sera point cause d'une demande analogue vis-à-vis de Prouzel.

La mortalité à Taisnil ne peut, d'après les renseignements pris par votre Commission, être évaluée à moins de 140 têtes pour les deux troupeaux nombrant près de 700 têtes en mai dernier.

Elle continue à se faire sentir en ce moment, mais elle ne peut-être attribuée qu'aux suites de la maladie et non à la maladie elle-même.

A peine la Clavelée était-elle officiellement reconnue et combattue à Taisnil que le bruit courait que le troupeau particulier de Prouzel était atteint du même fléau.

L'inoculation fut immédiatement pratiquée sur celui-ci et, trois jours après, sur celui de la commune.

Le troupeau particulier qui se composait de 337 bêtes avant la maladie et avait perdu 4 bêtes avant l'inoculation, a vu sa perte augmenter de 65 depuis cette opération. Ce chiffre de 22 pour cent ne doit pas être attribué complètement à l'inoculation.

Le troupeau était très malade au moment où cette opération était exécutée. Quatre bêtes étaient mortes de la maladie qu'on voulait atténuer en la transmettant; nous ne pouvons admettre qu'une trentaine au moins n'étaient point dans la période d'incubation si fatale à la réussite de l'inoculation.

Nous sommes d'autant plus portés à croire cette supposition vraie, que tous les vétérinaires, ayant écrit sur cette matière, indiquent que les accidents les plus graves résultent de l'inoculation de la maladie aux sujets contagionnés pendant la fièvre d'incubation ; qu'ils ont fréquemment remarqué , dans ce cas, qu'une fièvre violente, générale, contrarie la marche de l'éruption et cause la mort des bêtes les plus vigoureuses.

La mortalité s'est, en effet, fait sentir à Prouzel ainsi

qu'à Taisnil, sur quelques-unes des meilleures bêtes du troupeau.

Le troupeau commun ne comptait avant la maladie que 260 bêtes ; aucune n'était morte de la maladie le 7 août, au moment de l'inoculation; 28 sont mortes depuis.

Votre Commission ne peut vous dire quelle part de mortalité peut être attribuée à l'inoculation. Elle constate néanmoins que ce chiffre de 10 pour cent, quoique très élevé, n'est que la moitié de celui du troupeau particulier et que cette différence doit faire comprendre la nécessité de recourir à l'inoculation le plus promptement possible, avant toute incubation.

Depuis un mois ces troupeaux n'ont plus perdu d'animaux. Tout porte à croire que l'épizootie n'a plus de ravages à y faire et qu'on n'a plus à attendre que quelque temps encore pour laisser écouler la période contagifère et rendre la libre circulation aux animaux de ces deux troupeaux.

Le 20 août, c'est-à-dire quelques semaines après le 17 juillet, le propriétaire de Dury, qui avait été acheter à Conty des bêtes de provenance de Taisnil, s'aperçut que quelques-uns de ses animaux étaient malades.

Plus intelligent ou plus soucieux de ses propres intérêts que son collègue de Taisnil, il consulta son vétérinaire, et celui-ci, après examen, reconnut la maladie qui nous occupe.

Il n'y eut pas d'hésitation. On inocula immédiatement tout le troupeau et le maire de la commune fut aussitôt averti de la circonstance.

L'administration envoya son vétérinaire et il fut procédé à l'inoculation de tous les autres troupeaux de la commune.

Le troupeau particulier, inoculé le 20 août, peut être regardé comme sauvé ; il a subi une perte de 29 sur 171 qu'il contenait. Sur ce nombre, 16 peuvent être attribuées à la maladie non inoculée et 13 seulement à l'inoculation.

Les résultats obtenus sur les autres troupeaux de la commune de Dury ne sont malheureusement pas aussi favorables.

Samedi dernier, 227 bêtes sur 760 dont se compose toute la population ovine de la commune étaient mortes, ce qui nous donnerait, défalcation faite des bêtes perdues par le sieur Sévin, 198, ou 33 1/2 pour cent.

Ce résultat épouvantable suffirait pour faire hésiter l'administration à prescrire d'office l'inoculation si les princes de la science vétérinaire n'étaient pas tous d'accord pour la recommander et n'annonçaient pas une perte presque insignifiante.

Nous aurons à voir les autres résultats obtenus, à comparer toutes les circonstances qui ont accompagné ou suivi l'opération et à chercher à tirer de l'examen de tous ces faits la conclusion la plus raisonnable possible. Nous aurons à voir aussi si cette mortalité exagérée ne doit pas être imputée à certaines particularités; si, au contraire, elle doit nous servir à combattre toutes les idées émises par la science vétérinaire et à prier l'Administration d'hésiter à prescrire de nouveau l'inoculation comme mesure essentielle de police sanitaire.

La comparaison des pertes subies par les différents troupeaux de cette commune semble nous indiquer que ces pertes énormes pourraient être attribuées à certaines causes spéciales.

Ce sujet est trop brûlant pour que votre Commission, qui ne contient que des agriculteurs cherchant à se rendre compte, puisse se hasarder à conclure. Elle ne peut que faire remarquer que le troupeau de M. Sevin, le premier atteint et le premier inoculé, se composait de 171 bêtes; 148 ont été inoculées, il en perdit de la maladie 13, soit huit pour cent.

Cette inoculation a été faite en pleine période d'éruption 23 bêtes étaient atteintes; 16 de celles-ci sont mortes dans les conditions les plus défavorables.

Les autres troupeaux de cette commune se composaient de 589 bêtes. Ils ont reçu le virus par mesure sanitaire, alors que leur état général de santé ne laissait entrevoir aucun état maladif; leurs pertes ont été de 198 soit 33 1[2 pour cent.

Est-il admissible que l'état sanitaire de ces derniers étant meilleur, la perte occasionnée par la transmission du virus se trouvât augmenté d'une façon aussi considérable sans le concours de circonstances fâcheuses

L'effet foudroyant, que l'inoculation a produit presque immédiatement, nous oblige à nous demander si le virus choisi pour l'inoculation ne provenait pas de bêtes qui auraient été trop malades.

Le 20 août, il y avait 14 jours que le troupeau de Taisnil avait été inoculé, n'eut-il pas été plus prudent de prendre du virus en cette commune que dans un troupeau infesté naturellement. Vous concevrez que ce n'est pas à votre Commission de répondre. Il n'y a que des hommes spéciaux qui puissent le faire avec autorité

A la fin d'août il était reconnu que le troupeau particulier de la commune de Glisy était atteint de la Clavelée. Le 30 de ce mois 12 bêtes de ce troupeau étaient mortes, et 18 présentaient le caractère de la maladie.

Il fut jugé indispensable d'inoculer les 100 bêtes qui composaient le reste du troupeau.

Quinze bêtes sont mortes après le 30 août. Votre Commission ne peut fixer la part de mortalité à attribuer à l'inoculation. Une partie sérieuse de ces 15 bêtes doit appartenir au lot de 18 reconnu malades avant l'inoculation; quelques unes seulement resteraient au compte de l'opération.

Le troupeau commun qui se composait de 345 bêtes

paraissait sain lorsque l'inoculation a été pratiquée le 30.

18 bêtes sont mortes postérieurement.

Ce qui ne porterait la perte totale qu'à 5 pour cent.

Si tout ce chiffre devait être supporté par l'inoculation nous devrions, tout en le trouvant élevé, constater qu'il est infiniment moins désastreux que les précédents.

Depuis quelques semaines toute mortalité a cessé et le séquestre pourrait être levé si on ne devait pas chercher à se prémunir contre toutes les chances de propagation.

Le moment approche certainement où la liberté de circulation pourra être rendue sans qu'il en résulte le moindre danger pour les communes environnantes.

Votre Commission avait constaté, lors de sa réunion du 26 septembre, que l'état sanitaire général était très satisfaisant. Elle entrevoyait le moment où il lui serait possible de déclarer qu'elle ne voyait aucun inconvénient à ce que toutes les mesures prohibitives fussent supprimées pour les communes de Taisnil, Prouzel et Giisy, lorsque le 3 octobre, il parvint à sa connaissance que le troupeau communal de Bacouël avait perdu le 30 septembre une bête qui devait être atteinte de la Clavelée.

Elle apprenait en même temps que la déclaration de cette perte du 30 septembre n'avait été faite que le 3 octobre et que ce ne fut qu'à cette date qu'il fut possible à l'administration municipale d'en informer la Préfecture.

Nous devons regretter le retard que les propriétaires de bêtes malades mettent à en faire la déclaration au Maire du pays. Nos lois leur en font une obligation et attachent à son inexécution une pénalité très forte.

Autant il est possible d'excuser celui qui se trouve atteint le premier sous le prétexte qu'il ne sait pas à quelle maladie il a affaire, autant il semble à votre Commission qu'on doit être sévère vis à vis celui qui est voisin des pays infestés.

C'est un devoir rigoureux pour celui dont les animaux

sont atteints d'une maladie épizootique d'en faire la dénonciation, car ce n'est qu'en prenant ces maladies au berceau que nous pouvons espérer les étouffer.

Il ne faut pas qu'en 1874 le service des épizooties, comme cela a eu lieu en 1871, se contente d'une suite au galop du fléau destructeur ; il faut que celui-ci soit sérieusement atteint, anéanti au lever.

La chasse en sera moins brillante certainement, mais notre grande industrie agricole, débarrassée d'une source d'inquiétudes, de pertes sérieuses, pourra travailler avec tranquillité et profit.

Votre Commission ne saurait donc trop recommander l'exécution des prescriptions de l'arrêt du Parlement du 24 mars 1765 de l'article 3 du Conseil d'état du 19 juillet 1746 et de l'article 1er de celui du 16 juillet 1784, sans laquelle tout service général ne sera qu'un mythe.

Votre Commission ne sait que vous dire de la manière dont ce fléau se comporte et des soins qui sont pris dans cette commune.

L'inoculation n'y est point exécutée et il semble que la maladie y est laissée à son état naturel.

En vain objectera-t-on que les trois troupeaux sont sérieusement cantonnés.

Nous savons tous que la zone de 600 mètres, jugée indispensable pour la séparation des cantonnements, est bien difficile à faire respecter ; que cette zone, moins pâturée que le reste des terroirs, est un appât très recherché des bergers et que les longues nuits de ce moment sont très favorables aux infractions à cette prescription de l'arrêté préfectoral.

Votre Commission sait, de source certaine, que la zone séparative entre Prouzel et Bacouël, malgré les nombreux poteaux indicateurs mis sur le terroir de cette dernière n'a pas toujours été respectée et qu'on peut très bien attribuer à ce fait l'apparition de la Clavelée sur Bacouël.

La Clavelée en son état naturel a une durée de quatre mois. L'inoculation restreint celle-ci à six semaines au plus.

Est-il admissible, dans ces conditions, qu'une maladie sera conservée quatre mois durant, donnant de l'inquiétude aux communes voisines, jetant l'épouvante sur tout le commerce des bêtes à laine et discréditant tous les marchés qui, dans quinze jours, vont servir à toutes les transactions de notre arrondissement et de ses alentours?

Lorsque nous pouvons fixer une limite prochaine à un fléau dévastateur, devons nous en préférer une plus éloignée? Est-ce ainsi que nous pouvons parvenir à l'éteindre? Sommes nous certains de pouvoir circonscrire d'une manière efficace, durant quatre mois, un fléau qui peut-être transporté par un mouton, sain un chien, un vêtement de laine?

Votre commission, Messieurs, vous propose de demander l'inoculation immédiate de tous les troupeaux de Bacouël.

Cette mesure seule, en restreignant la durée de la maladie, permet d'agir sévèrement sur un rayon limité et d'aboutir à une extinction.

Nous ne pouvons faire de l'art vétérinaire, nous n'avons pas qualité pour cela, mais nous ne croyons pas devoir vous cacher l'opinion résumée de nos sommités scientifiques sur la Clavelée et la clavélisation.

« La Clavelée est contagieuse ; sa transmission de
« l'animal malade à l'animal sain peut avoir lieu par
« inoculation naturelle ou artificielle, par la cohabitation
« et à distance. Gilbert pensait que la transmission par
« l'atmosphère pouvait avoir lieu à 400 mètres sous le
« vent. »

« Le virus existe principalement dans les pustules ;
« mais celles-ci n'en renferment pas à toutes les époques
« de leur existence, par exemple, à la période d'éruption.

« On admet que la période contagifère survit une quin-
« zaine de jours à la desquamation, mais le difficile,
« lorsqu'il s'agit d'un troupeau, est de connaitre le
« mouton dernier atteint de la maladie, qui doit indiquer
« le commencement de cette période de quinze jours. »

« La mesure de police sanitaire préférable contre la
« Olavelée, parceque, dans un canton, elle rend inutiles
« les autres moyens préservatifs, la surveillance toujours
« si difficile de l'autorité et qu'elle abrège la durée de
« l'épizootie, c'est *l'inoculation.* »

Voici en quelques lignes le résumé des opinions de
MM. Huzard, Grognier, d'Arbeval, Dupuis, Girard,
Miquel, Renault, Lebel, Delafond, Raynal, etc.

« Par l'inoculation de la Clavelée, on obtient des
« avantages incontestables : cette opération donne
« rarement une éruption maligne : elle est peu dange-
« reuse ; elle limite à cinq ou six semaines la durée de
« l'affection, tandis que la Clavelée naturelle dure en
« moyenne quatre mois dans un troupeau. »

« On a objecté que la clavélisation a quelques inconvé-
« nients : elle fait naitre une maladie qui n'existait pas;
« elle peut développer une éruption meurtrière quand
« les inoculations ont été mal faites ; son emploi nécessite
« des dépenses peut être inutiles. Ces objections n'ont
« aucune importance devant les résultats heureux qui
« ont été obtenus ; surtout quand on inocule les sujets
« exposés à l'épizootie claveleuse. D'Artoval sur 16,000
« bêtes a eu une perte qui ne s'élevait pas à un pour cent.
« Delafond constate 285 mortalités sur 28,533 bêtes
« inoculées soit un pour cent; en Prusse, en Autriche on
« constate deux 1[2 pour cent. »

Nous ne devons donc pas hésiter à demander à
l'administration de vouloir bien désigner trois vétérinaires, qui auraient pour mission de se rendre le plus
tôt possible à Bacouel, d'étudier les mesures qui seraient

à prendre pour l'extinction de cette maladie, d'en faire un rapport, et si ces messieurs estimaient que la clavélisation dut être exécutée, que M. le Préfet veuille bien la prescrire et, si des doutes s'élevaient sur les droits qu'il aurait de faire ces prescriptions , demandons-lui, si l'administration croit ces doutes fondés , d'exiger la séquestration immédiate dans les étables, avec défense expresse de sortir ces animaux , même dans les rues, jusqu'à ce qu'il soit patent qu'il n'y a plus de danger à redouter.

Alors tout mauvais vouloir, toute lésinerie, cesseront et, de deux maux, le moindre sera choisi, *l'inoculation.*

MESSIEURS,

De l'examen de tous les faits qui précèdent il résulte clairement pour votre Commission, et vous admettrez certainement avec elle, que la commune de Taisnil a été le berceau de la Clavelée : que c'est dans celle-ci seule qu'elle y a été reconnue en juillet ; et que c'est la vente de moutons provenant de cette commune au marché de Conty du 17 juillet qui a servi à la propagation de cette maladie dans l'arrondissement.

Vous admettrez avec elle que, si cette maladie avait été reconnue, dénoncée à l'administration préfectorale dans le rapport du 12 juillet ; que le séquestre eut été imposé immédiatement aux troupeaux de cette commune, à celle-ci seule se seraient bornés les ravages de cette maladie.

Nous n'aurions pas à constater la perte de 369 bêtes dans les communes de Prouzel, Dury, Glisy et, ce qui n'est pas moins grave, toute la population ovine de notre arrondissement n'aurait pas eu à subir et ne subirait pas encore, sur le marché des départements voisins, une dépréciation sérieuse due à la crainte que ressentent les acheteurs d'importer chez eux un fléau aussi redoutable.

L'agriculteur a donc intérêt à ce que le service des épizooties soit fait de la manière la plus active, la plus éclairée et la plus sérieuse possible, afin que chaque fois qu'un cas d'épizootie sera découvert, il soit circonscrit et éteint aussitôt, et que jamais, par suite de l'activité qu'on aura déployée et des mesures de contrôle qui auront été prises, nos cultivateurs n'auront plus à souffrir des faits déplorables tels que celui qui nous occupe aujourd'hui.

Déjà la commission du Typhus, dans son rapport du 11 janvier 1872, a signalé les imperfections du service des épizooties. N'attendons pas, pour en demander la réforme, qu'une troisième épidémie ait pu répandre de nouveaux ravages.

Votre Commission ne peut se rendre compte de l'utilité que l'agriculture et les finances du département peuvent retirer d'une centralisation aussi complète du service des épizooties.

Elle croit qu'il y aurait économie pour le budget départemental, et grand avantage pour les intérêts agricoles de celui-ci, à ce que tous les vétérinaires de nos cinq arrondissements aient qualité pour rechercher, qualifier et soigner les maladies contagieuses et épizootiques.

Tous, en effet, sont sortis des écoles vétérinaires, tous en ont le diplôme.

Un conseil départemental de salubrité serait institué au chef-lieu. Il se composerait des vétérinaires les plus notables du département. Les arrondissements seraient représentés ainsi qu'il suit :

Amiens	2
Abbeville	2
Péronne	1
Montdidier	1
Doullens	1

Ce conseil recevrait toutes les communications de leurs

collègues du département qui seraient tenus de les informer de tous les cas de maladies contagieuses.

L'administration départementale serait, en outre, informée par MM. les Maires et, si des mesures générales devaient être prises, elle se substituerait aux municipalités.

Tous les membres du conseil de salubrité seraient inspecteurs du département, mais ne feraient le service d'inspection qu'alternativement pendant une période déterminée.

Les déplacements seuls seraient payés avec les frais de de tenue du Conseil.

Le reste du crédit serait réparti entre les vétérinaires ayant, dans l'année, le plus coopéré à la constatation et à l'extinction de ces maladies que nous avons pour but d'atteindre.

De cette façon le service réparti entre toutes les personnes diplomées serait fait avec célérité et les mesures jugées utiles seraient appliquées sans retard.

Il ne faut pas de brevet spécial à un vétérinaire diplomé de nos écoles, pour reconnaitre la rage, la morve et nos maladies épizootiques. Tous peuvent le faire dans leurs localités, sans un déplacement sérieux, qui nécessite une plus grande dépense et surtout occasionne de très grands retards pour l'application des mesures préservatrices.

N'oublions pas que c'est le 3 juillet que le Maire de Taisnil demandait le vétérinaire départemental, que celui-ci n'a pu se rendre à Taisnil que le 6 et qu'enfin le rapport relatif à cette visite n'a été remis que le 12.

Le service départemental, proprement dit, ne doit se borner qu'à une simple inspection, dans des occasions fort rares, lorsque le conseil de salubrité le jugerait opportun.

Ces déplacements auront toujours leur raison d'être dans le cas d'abattage d'animaux donnant lieu à indemnité de la part de l'État. Pour ce service même, votre Commission trouve certains avantages à ce qu'il soit fait par chacun des membres du conseil de salubrité pendant un laps de temps fixé d'avance.

Il lui semble qu'il y aurait dans cette succession de titulaire à époque fixe un certain stimulant qui soutiendrait continuellement l'activité humaine qui tend à s'assoupir, lorsque la concurrence ne vient pas l'aiguillonner.

Ce projet d'organisation nouvelle aurait les avantages suivants :

Economies dans les dépenses, car les cas de maladies contagieuses seraient constatés par les vétérinaires les plus voisins.

Rapidité dans les mesures prises pour une seule commune car le maire, sur le rapport écrit du vétérinaire de la localité, prendrait immédiatement les mesures prescrites, sauf à l'Administration Préfectorale à leur attribuer postérieurement le caractère permanent.

Découverte plus rapide et dénonciation immédiate des éléments de contagion, car tous les vétérinaires du département, ne se sentant plus amoindris et sachant que les soins commencés par eux ne leur seront point supprimés, se mettront plus hardiment à la besogne et n'hésiteront plus à se prononcer nettement sur les caractères d'une maladie et sur les mesures à prendre immédiatement.

Et enfin, contrôle et discussion de toutes les mesures prises et de tous les frais faits. Ceci ressort de la multiplicité des personnes s'occupant du service et discutant les mesures prises et celles à prendre.

Une dernière mesure , Messieurs, vous semblerait naturelle, c'est l'introduction d'une manière sérieuse de l'élément agricole dans le comité de salubrité.

Il vous semblera logique d'avoir vos représentants dans ce comité afin que, lorsque des mesures seront prescrites, vous sachiez que ce sont vos collègues, vos représentants, qui ont discuté celles-ci et que, si l'administration les applique, c'est qu'elles ont été jugées par eux d'une absolue nécessité.

Amiens. — Imp. H. YVERT. rue des Trois-Cailloux. 64.